# 一脚踏进美食世界

美国世界图书出版公司 / 著　　柳玉 / 译

# 大米

電子工業出版社
Publishing House of Electronics Industry
北京 · BEIJING

# 目录

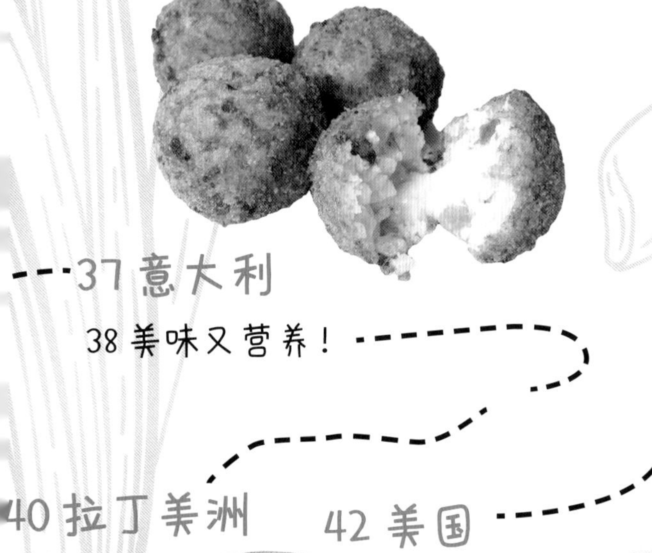

## 写在前面

这本书里有一些可以让你“一口吃遍世界”的美味菜谱。开始阅读之前，请先翻到第47页看一下温馨提示。仔细阅读书中的菜谱，在使用刀具或燃气灶时，记得一定要找成年人来帮忙。另外，团队协作会使做饭这件事变得更简单也更有趣。快来试试吧！

想不想来一场食物大冒险？就让我来做导游吧，带你踏上这段环游世界的美味旅程，让你对我有一个全方位的了解……

我就是

# 大米！

在我们环游世界的旅程中，你或许会遇到一些新的词汇。如果用简单的语言就能解释清楚，我会在你读到这个词语的地方直接加以解释；如果这个词语我用了很多次，或者解释起来比较麻烦，我会把这个词**加粗并变色**（看起来像这样的字体）显示。加粗显示的词汇会在本书末尾的词汇表中给出详细释义。

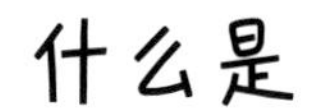

# 什么是大米？

大米是世界上最重要的粮食作物之一，在较长的一段时间内，大米比其他任何一种农作物养活的人都要多。全世界一半以上的人每天都将大米当作主食，这些人大部分都生活在亚洲。

中国和印度的大米产量约占世界的一半。所有的这些大米几乎都被用作了人们的食物。

## 吃一大口！

在以大米作为主食的国家，一个人一天大概能吃两万粒米。

# 近距离观察水稻植株

大米是一种谷物，与小麦、玉米和燕麦一样，属于禾本科植物。

我们吃的那部分是稻谷的谷粒（籽或者仁），它是长在稻穗上的。

每一粒谷粒都有一个叫作稻壳的硬壳，稻壳里面从外至内依次是麸皮层、胚乳和胚胎。麸皮层保护谷粒的外皮，含淀粉的胚乳是谷粒最重要的组成部分，我们吃的也是这一部分。

小小的胚胎是谷粒里可以长成新水稻植株的部分。

## 从绿色到金黄

水稻幼苗是翠绿色的，随着水稻的成熟其植株逐渐变成金黄色。水稻从播种到完全成熟大概需要6个月或更短时间。一棵水稻植株大概能长50~300粒大米。

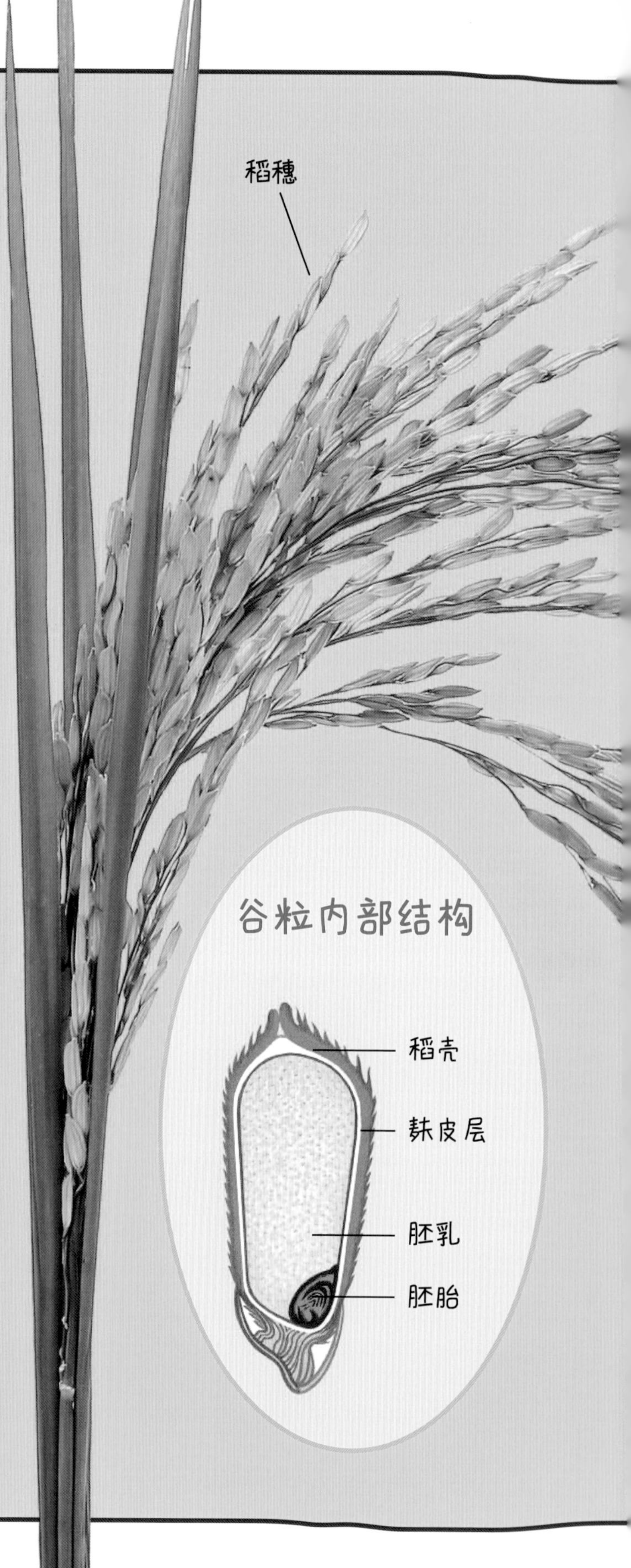

和其他农作物不同，水稻在浅水田地里长得很好。农民们经常往稻田里灌水，为水稻生长提供水分，同时也可以除草和灭虫。大概6个月内，水稻就完全成熟，可以收割了。

**你知道吗？**生产约1千克大米需要用掉超过5 000升水。这大约是每人每天饮水量的2 000倍。

## 水稻的培育始于

大约一万年前，在中国南部长江河谷地区，水稻是作为一种农作物来种植的。如今，中国已是世界第一的大米生产国，而且几乎所有的大米都是供人食用的。米饭的食用在中国南方非常普遍，一日三餐都可以吃米饭。

### 餐桌礼仪

在中国，吃饭时每个人都有一碗自己的米饭，其他的菜装在盘子或者是碗里，大家一起分享食用。

大米稀饭是在很多亚洲国家比较流行的一种用大米做的粥。在中国，通常早餐时喝稀饭，但其他两餐也会有粥。在不同的国家和地区，大米稀饭的名字和配料也各不相同，有时人们也会用剩饭菜做大米稀饭。人们认为，大米稀饭是一种有营养的“安慰食物”，不舒服的时候喝粥可以给身体“加油”。

**你知道吗？**中国的长城是用**糯米**黏合在一起的。在15~16世纪建造长城时，工匠们将糯米和一种叫作碳酸钙的硬质材料混合后作为砂浆（水泥），将城墙的石头固定在了一起。

在中国，人们通常在庆祝重要事件或者节日时吃大米制品。比如，每年春天端午节时，人们会吃一种用糯米做的叫作粽子的传统食物。因地域不同，粽子里面包的馅料也不一样，有豆沙，有肉，甚至还有水果。在糯米中包上馅料，外面用粽叶包裹起来，捆扎紧实。

袁隆平是中国杂交水稻事业的开创者和领导者，被誉为“杂交水稻之父”，致力于杂交水稻技术的研究、应用与推广，发明“三系法”籼型杂交水稻，成功研究出“两系法”杂交水稻，创建了超级杂交稻技术体系。袁隆平爷爷说曾经做过一个梦，梦里“水稻比人高，禾下可乘凉”，希望现实也可以如此，人人都能吃饱饭。

大米从中国传入

# 韩国

韩国水稻的种植是从中国传入的，韩国人很快接受了这种粮食。韩语里管熟米饭叫bap，这个词也可以翻译为“进餐”，不仅仅是吃的意思，而是大家一起吃饭。

## 法定货币

大米曾在韩国被当作一种流通货币，也可以用来纳税。

韩餐一般有很多盘菜，大家一起分食。韩国人几乎每顿饭都有米饭，这是因为韩国菜通常很辣，米饭可以帮助缓解辣度。

## 生日年糕

韩国人的年龄是按照他们过了多少个新年来算的。在韩国，每个人新年这天都要吃一碗年糕汤。所以，你如果想问一个韩国人的年龄，你可以问他“吃了几碗年糕汤”。

**你知道吗？**韩国人吃米饭时不用筷子而用勺子。和其他亚洲国家的人不同，韩国人吃米饭的时候会把碗留在桌子上，端起碗来放到嘴边吃饭会被认为是不礼貌的行为。韩国人用金属筷子吃米饭之外的食物，一般用左右手分别拿勺子和筷子。有一道非常有名的韩国菜叫bibimbap，意思是拌饭，这道菜里有白米饭，配有蔬菜、牛肉、鸡蛋和红辣椒酱等。
拿起勺子吃饭吧！

水稻从中国向北传入

# 日本

日本是位于北太平洋的一个岛国，位于亚洲东海岸，与俄罗斯、韩国以及中国隔海相望。在与韩国和中国的文化交流中，日本人学会了如何在灌溉农田里种植水稻。

## 每餐都吃米饭

日语中早饭是asagohan，意为早餐米饭；午饭是hirugohan，意为午餐米饭；晚饭是bangohan，意为晚餐米饭。

如果说典型的西式午餐是三明治的话，那么典型的日式午餐就是**饭团**。饭团是用稍微调味后的糯米饭做成的，形状有三角形、球形以及圆柱形。饭团里面的馅料可以是金枪鱼、蛋黄酱或者一个梅子。饭团也不是只能午饭吃——任何时候都可以吃。饭团作为日餐的一部分，已经有数千年的历史了。

一定要把你的米饭都吃光光哟！

## 小小佛陀

在日本，吃饭的时候把米饭吃光是一种礼貌。为了鼓励日本的孩子们吃完他们的米饭，米粒在日本又被叫作“小小佛陀”。这是因为佛陀是佛教领袖的称号，而佛教是日本的主流宗教之一。

寿司是一种日本料理，它是用糯米佐以盐、糖和醋调味做成的。做寿司的人被称作“板前”，即专门做寿司的厨师。只有经过了多年的学习，板前才可以独立制作寿司。寿司中还包含鱼和蔬菜等，做好之后，每一块都赏心悦目又美味可口。

# 大米的种类

大米有不同的形状、颜色和大小。根据米粒的长度，可以将大米分为三类：长粒米、中粒米和短粒米。每一种米都有其独特的味道和口感。不同种类的大米恰恰适合制作不同种类的食物。

印度香米

## 长粒米

长粒米的米粒长度约为6~8毫米，长度是宽度的4~5倍。长粒米米粒紧实，煮熟之后干燥蓬松且粒粒分离。长粒米有美国长粒白糙米、印度香米、茉莉香米等几种。长粒米适合做配菜、肉饭和沙拉。

## 中粒米

中粒米的米粒长度约为5~6毫米，长度约为宽度的2~3倍。煮熟之后，米粒黏在一起，柔软且微有嚼劲。中粒米有用于烹制烩饭的意大利阿波罗米和用于制作西班牙海鲜饭的邦巴米，也叫瓦伦西亚米。

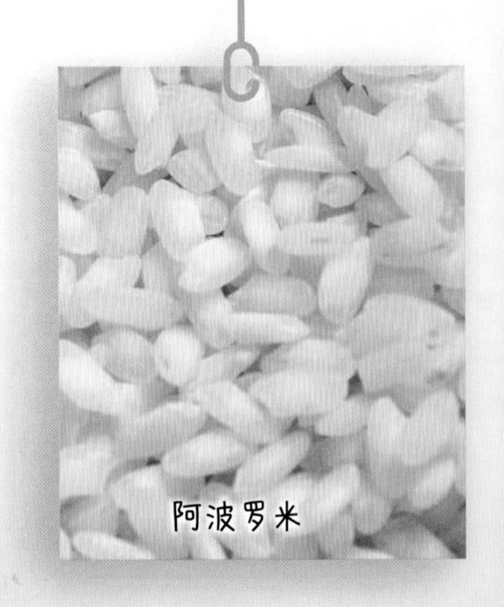
阿波罗米

**你知道吗？** 菰米压根不是米，而是一种草！煮的时候菰米会裂开，露出白色的内里，吃起来口感很好。

## 短粒米

短粒米是长度小于5毫米的米，长度只比宽度长一点点。这种米煮出来的饭又软又糯，米粒一团一团地黏在一起。短粒米包括美国短粒糙米和寿司米。短粒米可以用来制作寿司、布丁和海鲜沙拉。

寿司米

**你知道吗？** 黑米也被称为贡米。因为在很久很久之前，只有中国的皇帝才能吃黑米。

## 种类多多的大米！

世界上有超过7万种大米，但人们种植的只有几百种。

## 做出完美的米饭！

有的人不喜欢做米饭，因为如果做得不好，米饭就会黏黏糊糊的。但如果做得好，米饭将成为一顿美餐的开始。

一个非常棒的做法是，做米饭之前先将大米淘洗干净，洗去尘土和杂质。用某些种类的大米，比如印度香米做饭时，需要提前浸泡和淘洗。一定要记住，随时查看食谱和外包装上的烹调说明。

## 试试这个！

用这种方法做出完美的米饭！

### 完美白米饭

分量：3碗

**配料**

1杯长粒白米　½茶匙盐　1¼杯水

**步骤**

1. 在平底锅中放入干净的大米、盐和水。轻轻搅拌，把米搅散就好，搅多了米饭做好后会黏糊糊的。
2. 煮沸，过程中不要搅拌，盖严锅盖。水沸后转小火，煮18分钟。
3. 将锅从火上移开，不要揭开锅盖也不用搅拌，焖10~15分钟。
4. 揭开锅盖，用叉子将米饭拨散。
5. 立即食用或者放凉后食用。

**你知道吗？** 糙米脱去外皮之后就是白米了。脱去麸皮层会使大米丢失一些维生素。糙米因为有麸皮层，吃起来会有坚果味且更有嚼劲。不论是什么大米，做成米饭之后，如果吃不完都应该放进冰箱。米饭最多可以在冰箱里存放三天。

## 胖胖的米饭

做熟之后，大米会膨胀到原来体积的三倍！

大米继续向西，从中国传入

# 印度

印度是一个南亚大国，有很多平坦且温暖的地方可以种植水稻。印度是世界上除中国之外，水稻种植面积最大的国家。除了提供主食，大米在印度还有象征成功和富有的重要文化意义。

通常，米饭是印度典型膳食的一部分。印度流行的饮食是将米饭和鱼、肉、蔬菜以及一种叫作咖喱的佐料混合在一起食用。有**印度炒米饭**——将米饭与肉、蔬菜、葡萄干和坚果一起烹调，罗望子饭以及甜米布丁等。

## 印度香米

这种长粒香米是在印度和巴基斯坦比较受欢迎的一种米。事实上，它的名字在印度语及乌尔都语里的意思就是香。印地语是印度的官方语言之一，乌尔都语主要在巴基斯坦和印度北部的部分地区使用。

**你知道吗？**大米有很好的吸收性，会染上和它一起烹饪的食物的颜色。提兰加饭是一道纪念印度独立的爱国菜，用了三种颜色来代表印度国旗。用藏红花、番茄或者胡萝卜来制作代表国旗的橙色条；用豆子或者菠菜来制作代表国旗的绿色条；用椰子来为代表国旗中间白色条的白米饭增加风味。

## 用米来起名字

在印度教的起名仪式上，祭司会给婴儿的父母一个装满大米的盘子。爸爸通常会把婴儿的名字、生日和家神的名字写在这盘米上。印度教是印度的主流宗教。

## 水稻种植从中国向南传入

# 印度尼西亚

东南亚国家印度尼西亚由大约17 500个岛屿组成，这些岛屿分散在亚洲大陆和澳大利亚之间的太平洋和印度洋上。怪不得它会有种类如此繁多的美食！米饭是印度尼西亚的主食，人们用不同的方式烹饪，或煮或炸，然后和其他很多种类的食物一起享用。印度尼西亚人吃米饭的时候，会和肉、鱼或者鱼露、蔬菜一起食用，也会简单地拌上辣椒酱食用。

# 试试这个！

印尼炒饭是印度尼西亚的一种传统炒饭，一般是早饭时食用，也是小吃摊上很受欢迎的夜宵，在印度尼西亚几乎随处可见。印尼炒饭没有一种固定的做法，右边的菜谱里包含有最基本的配料。但千万不要忘了放甜酱油！正是这种甜味酱油使得印尼炒饭在亚洲炒饭中独树一帜。

## 印尼炒饭

分量：4人份

### 配料

2汤匙+1茶匙橄榄油
3汤匙甜酱油
1个中等大小的洋葱，切碎
2汤匙鱼露
2根芹菜，切碎
1个柠檬，榨汁
2根胡萝卜，切丁
4个鸡蛋，打散
2瓣蒜，切碎
2根小葱，切碎
¼茶匙辣椒面
盐和胡椒粉
3杯长粒米饭
黄瓜片和几瓣青柠

### 步骤

1. 在炒锅或者平底锅里放2汤匙橄榄油，油热后放入洋葱、芹菜和胡萝卜，中火炒几分钟，直至蔬菜变软。
2. 转小火，放入蒜末、辣椒面和米饭搅拌，再炒4分钟，直至米饭变得又热又蓬松。加甜酱油、鱼露和柠檬汁，搅拌均匀。离火并加盖。
3. 在一个大的不粘锅中放入剩下的橄榄油，油热后倒入打散的鸡蛋。将锅倾斜，使蛋液铺满锅底。烹制1~2分钟，直至蛋液凝固。轻轻翻面直至蛋饼两面金黄。
4. 将做好的鸡蛋放到案板上，晾凉后切成小薄条。
5. 将蛋条、盐和胡椒粉一起放入炒饭中调味并拌匀。
6. 将炒好的饭分装到四个餐盘中，撒上小葱，配上黄瓜片和青柠瓣。

*如果找不到甜酱油，可以用老抽和红糖按照2：1的比例调和，搅拌均匀直至红糖完全溶化。

已经有数千年水稻种植历史的

# 菲律宾

水稻是菲律宾这个位于西南太平洋岛国的主要粮食作物。菲律宾菜系是中西方菜系融合的产物，它借鉴了西班牙菜、中国菜和马来菜的食谱。三百年的西班牙殖民史，使得菲律宾厨师逐渐接受了西班牙的烹饪方式。

菲律宾人每餐都吃米饭，他们知道，米饭虽然单吃起来味道寡淡，但可以使其他食物尤其是肉食的味道更好。

## 糯米

在菲律宾，很多菜里用到的米都是糯米。这种米是不透明的，做熟之后甜甜的、黏黏的。糯米之所以叫糯米是因为它们像胶水一样黏黏的，不是因为它有麸质（实际上糯米并没有麸质）。糯米用在甜品中更好吃。

在菲律宾，传统的吃饭方式是用手抓饭吃，你知道用的是哪只手吗？一顿丰盛的手抓饭盛宴是指家庭式的一餐，食物通常摆放在香蕉叶上，大家一起分享。

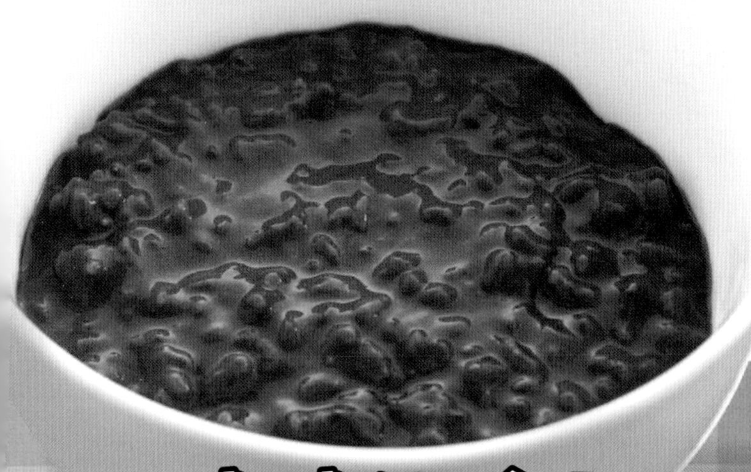

甜米糊也叫巧克力稀饭，是菲律宾人常吃的一种布丁。这种奶香味浓郁的食物通常在早饭的时候趁温热吃，也可以作为零食食用。吃之前若加上淡奶或者打发好的奶油，又会使之变成一道美味的甜点。

## 试试这个！

### 巧克力稀饭

（菲律宾巧克力布丁）

分量：4人份

#### 配料

1杯短粒糯米

¼杯红糖块

6杯水

¼杯不加糖荷兰加工可可粉

淡奶或者1:1奶油或打发奶油打顶

90毫升的90%黑巧克力，切碎

#### 步骤

1. 冷水洗米，滤干水分后放置一旁备用。
2. 平底锅中加入6杯水，中火加热至沸腾。
3. 将大米均匀地铺在锅中。
4. 加入可可粉和巧克力，搅拌至巧克力完全熔化。继续烹煮直至米变透明且像粥一样黏稠。过程中不断搅拌，防止米饭黏在一起。
5. 加红糖，搅拌至红糖溶化。
6. 出锅。一般用淡奶打顶，但也可以用1:1奶油或者打发奶油代替。趁温热食用。

我可以帮忙吗？

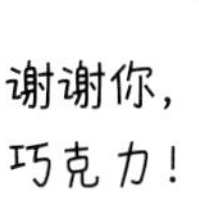

**你知道吗？**菲律宾人早上如果吃巧克力稀饭的话，通常会搭配着面包卷和炸咸鱼一起食用。

“狂野”开始于

# 东南亚

几千年前，东南亚地区的水稻可能是野生的，然后被人们收集并食用。东南亚是指印度以东和中国以南的亚洲部分，包括文莱、柬埔寨、东帝汶、老挝、马来西亚、缅甸、菲律宾、新加坡、泰国、越南以及印度尼西亚大部分地区。如今水稻已是东南亚的主要农作物之一。

数百年前，东南亚陡峭的山坡被修成了梯田以便种植水稻。越南西北部延白省的木仓柴梯田（如图所示）是苗族人在山脉中雕刻出来的。这些水稻梯田至今仍在使用。

在印度尼西亚，标志着水稻种植季开始的舞蹈被称为面具舞，舞者会带着精致的木质面具，看起来像水稻害虫。人们相信，舞蹈会驱除影响水稻收成的病虫害。

## 茉莉香米

茉莉香米原产于泰国，因为去壳煮熟之后有茉莉花的香气而得名，也有人觉得茉莉香米闻起来像奶油爆米花的味道。茉莉香米吃起来口感软软的，稍微带点甜味。

# 种水稻吃大米！

现如今，世界上种植水稻的国家超过110个。水稻每年的总种植面积大约为1.6亿公顷，总产量为8.1亿吨。

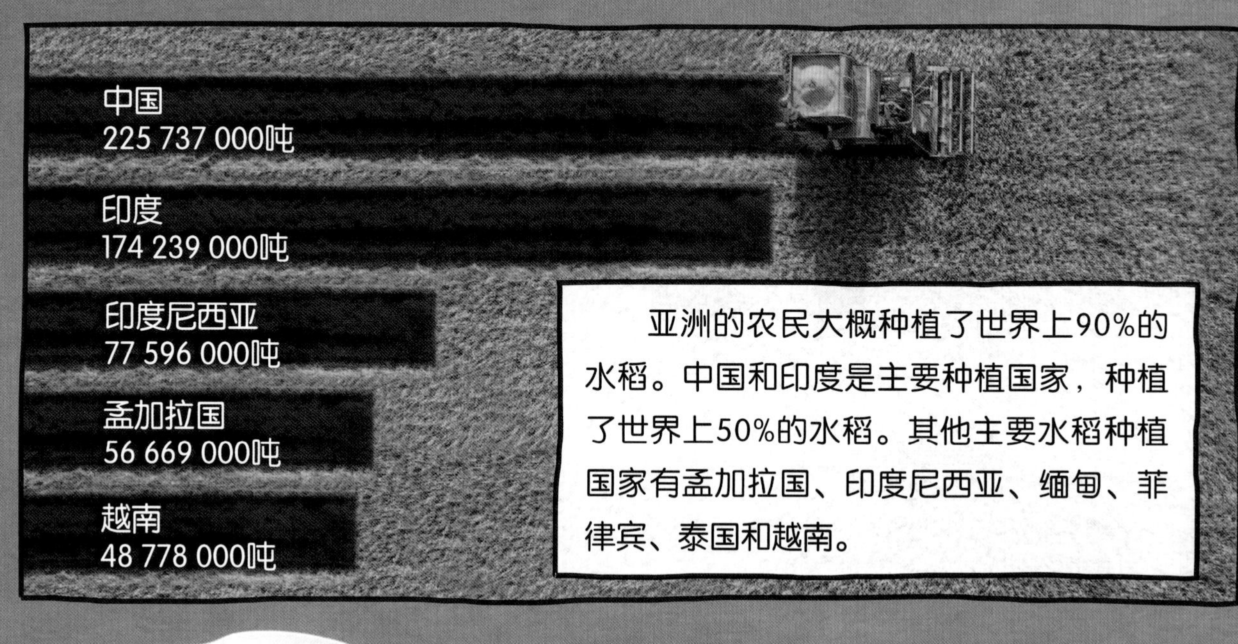


亚洲的农民大概种植了世界上90%的水稻。中国和印度是主要种植国家，种植了世界上50%的水稻。其他主要水稻种植国家有孟加拉国、印度尼西亚、缅甸、菲律宾、泰国和越南。

## 吃当地的大米

世界上大概有50%的大米在距其产地13千米的范围内就被吃掉了。

## 既是生产商也是进口商

尽管印度尼西亚和菲律宾是世界上水稻产量排名比较靠前的国家，但是他们仍然经常需要进口大米。因为这些国家的人吃很多很多的大米，且并不是所有的农民都掌握了最好的水稻种植技术。如果大米的价格上涨，会影响国家经济——尤其是人们的食物开支。

**你知道吗？**阿拉伯联合酋长国每人每年要吃掉205千克大米。亚洲人平均每人每年吃的大米也多达135千克。相比之下，美国人每人每年吃9千克以上的大米，而法国人每人每年仅仅吃4.5千克大米。

种植两种水稻的

# 非洲

在亚洲培育的是一种水稻，而在非洲种植的是另一种完全不同的水稻。大约公元前1500年，在西非的尼日尔山谷开始有了非洲水稻种植，它长出来的是一种红色谷粒，吃起来有坚果味。

非洲水稻极好地适应了非洲的环境，长得很好，没有杂草，抗干旱和一些病虫害，但产量不高，只够供西非当地人食用。

两千多年前，亚洲的水稻被引入东非，并传遍整个非洲大陆。亚洲水稻的产量比非洲水稻高，但需要很多水，所以只能在非洲大陆比较湿润的地方种植，现在已经成为非洲的一种主食作物。

### 圣米

非洲大米对于非洲西北海岸小国塞内加尔的迪奥拉人来说是神圣的。迪奥拉人是塞内加尔的主要水稻种植者。

盘子面包在斯瓦希里语（一种东非语言）里的意思是装在盘子里的面包。这是一种用大米做的面包或者蛋糕，一般被当作零食或者在上午和下午喝茶的时候佐茶的小吃。

## 试试这个！

### 盘子面包

分量：12-16人份

**配料**

3¼杯米粉
1汤匙速发酵母粉
1¼杯糖
1½茶匙豆蔻
1个鸡蛋
一点润锅的黄油
2½杯椰奶

**步骤**

1. 在一个大碗中放入米粉、糖、豆蔻和酵母粉并搅拌均匀。
2. 再拿一个碗，放入椰奶和鸡蛋，快速搅拌之后，

**你知道吗？**在非洲西北海岸的一些地方，比如塞内加尔，有的时候直接用手吃米饭。塞内加尔风格的乔洛夫米饭是一道营养均衡的美食，里面有鱼、蔬菜和辣椒，还有长粒米饭。吃饭的人用右手抓一小把米饭，加上鱼和蔬菜后，团成一个小球食用。

好甜啊！

倒入刚才的干料碗中混合均匀。混合好的面糊是有点稀的，可以流动的。

3. 用保鲜膜和毛巾把碗盖起来，醒发1小时。
4. 拿一个直径25厘米圆形烤盘（至少8厘米高），抹上黄油。剪一块烤盘盘底大小的吸油纸铺在烤盘里，纸上涂上黄油。
5. 轻轻将面糊倒到烤盘里，180℃烤大概1小时，或者烤到面包表面变成均匀的棕色，顶部有回弹。
6. 把面包放10分钟，使之变凉。然后把它扣在一个冷却架上，完全晾凉后食用。食用时可加上水果，淋上巧克力糖浆，这虽然不是传统吃法，但会使这道甜点更加美味。

不管你说它是面包还是蛋糕，它就是好吃！

## 一天不吃米饭？

在西非小国塞拉利昂有句著名的谚语，“今天没吃米饭，那就是今天没吃饭。”塞拉利昂人一天至少吃两顿米饭。

# 为了未来种植水稻吧！

保证水稻种植的可持续性是非常重要的，因为有数以百万计的人依赖大米生存。气候变化和极端的洪涝灾害，使得水稻种植面临严峻挑战，病虫害也威胁着大米的供应。全世界范围内的科学家和育种人员正在研发可以应对这些挑战的新的水稻品种。

非洲水稻中心的总部位于科特迪瓦。它是一个试图缓解非洲贫困和饥饿的组织，致力于研发在非洲也能长得很好的水稻品种。20世纪90年代，非洲水稻中心的育种员将非洲水稻和亚洲水稻进行了杂交。但由于两种水稻不能自然杂交，所以研究人员给予了新杂交出的水稻植株很多帮助。这种新品种水稻在2000年被命名为非洲新水稻（非洲新稻），比原来的亚洲稻和非洲稻长得都快，产量也很高，抵御疾病的能力也更强。如今，非洲稻已经成为有着3 000多个兄弟姐妹的大家族的一员。

我的家族很大哦！

## 主食

世界上有三亿多人以大米为主食。

## 养育全世界

世界上每增加10亿人口，每年大米的产量需要增加1.1亿吨。

1960年，政府机构和私人基金会在菲律宾联合成立了国际水稻研究所（国际水稻所）。作为世界范围内努力增加发展中国家粮食产量的一部分，国际水稻所致力于提高水稻的产量。这一成功的努力已经是被人熟知的“绿色革命”的一部分了。如今，国际水稻所正努力消除以水稻种植业为生的人们的贫穷和饥饿。

## 大米从亚洲传入

# 中东

商人和探险家将大米从亚洲带到世界各地。水稻种植在公元前300年前传入波斯（现在的伊朗）和叙利亚。现在，水稻已经是中东地区最重要的农作物之一。中东地区是指从亚洲西南部到非洲东北部的地区，包括土耳其、埃及和沙特阿拉伯等。

自古波斯帝国时代以来，用姜黄、肉桂和其他香料调味的米饭，与肉类和蔬菜一起，在人们的饮食中发挥了重要的作用。用印度香米做的米饭通常非常蓬松，粒粒分明。

### 可口的扁豆饭！

一种叫作扁豆饭的米饭，是将熟米饭、肉、扁豆、葡萄干和枣混合在一起制成的。这种扁豆饭古时候就有了，现在仍然很受欢迎。

**你知道吗？**在中东地区吃饭时，品尝每一道菜是一种礼貌，你应该总是赞美主人烹制的美味食物。在中东文化中，晚餐是要和家人还有朋友一起享用的时光。

坚果鸡肉手抓饭（Shirin Polo）是起源于16世纪的伊朗版的肉饭。时至今日，它仍然使用藏红花味的大米和黄油制成，然后在米饭上加上水果干、糖渍胡萝卜、橘子皮和烤坚果。在波斯语中，Shirin是甜的意思，Polo是米饭的意思。这种甜米饭在特殊的节日诺鲁孜节（伊朗新年）的时候会食用。

## 一颗真正的宝石

人们相信，在古时候，坚果鸡肉手抓饭上曾经放有真正的红宝石和绿宝石作为装饰。

## 大米被阿拉伯人引入

# 西班牙

大米是西班牙菜系中非常重要的原料，是西班牙名菜——西班牙海鲜饭的主要配料。西班牙海鲜饭也是由阿拉伯人引入西班牙的。

传统意义上，西班牙海鲜饭是西班牙地中海岸的瓦伦西亚省的特色，如今已经变成了西班牙的国菜。在瓦伦西亚，海鲜饭是一道节日饭菜，用米饭和应季蔬菜、鸡肉、马铃薯或鸭肉等在户外果园里烹制而成。除了米饭之外，其他正宗的配料包括番茄、鲜豆子、蜗牛、新鲜的迷迭香、猪瘦肉以及各种各样的海鲜。

### 邦巴米

邦巴米，也叫瓦伦西亚米，是主要产于西班牙东部的一种中短粒米。是西班牙最负盛名的大米，通常用于制作海鲜饭。

## 大米从西班牙传入

# 意大利

今天，意大利是欧洲最大的大米生产国，水稻主要种植在伦巴第至皮埃蒙特地区。

意大利最有名的饭菜是用阿波罗米制作的烩饭。烹制时需要不停搅拌，并少量多次地按需加入肉汤。缓慢的烹制过程加上不停地搅拌，会使米饭中的淀粉得以释放，产生一种光滑如奶油般质地的口感。加上黄油和帕尔马干酪，会使烩饭口感更丰富。

### 阿波罗米

阿波罗米是一种意大利中短粒大米，名字取自于意大利阿波罗小镇。这种米的淀粉含量比较高，所以做出来的饭像奶油一样顺滑又有嚼劲，可以和不同的口味很好地融合在一起。

一种叫作阿拉奇尼的炸饭团最早见于意大利西西里岛。阿拉奇尼是小橘子的意思，掰开之后，外皮松脆，里面包裹着温暖可口的熔化了的奶酪馅。

# 美味又营养!

在亚洲，米饭在很多人的日常饮食中提供大约一半的卡路里（食物能量单位）。米饭是碳水化合物的优秀来源，碳水化合物可以为身体提供能量。米饭还含有少量的B族维生素——烟酸、核黄素和硫胺素。同时也提供矿物质铁、磷、钾和钠。米饭中的脂肪和蛋白质含量很少，比较容易被人体消化。

## 米饭的力量!

450克米饭的食物能量是同等分量的马铃薯或意大利面的4倍。

## 还要吃！

米饭很好消化且容易转化成能量，这也就解释了为什么人们经常吃完米饭后一会又饿了！

上图表示的是煮熟的未加盐、未添加矿物质或维生素的长粒白米的营养成分。

把大米作为主食作物的

# 拉丁美洲

早在15世纪，西班牙和葡萄牙的探险家就将亚洲大米带到了拉丁美洲的许多地方。拉丁美洲包括加勒比群岛、南美洲大陆、中美洲和墨西哥。虽然拉丁美洲的每个国家都有自己独特的文化风俗，但他们都以米饭为主食。平均下来，大部分人每天至少吃一杯米。

委内瑞拉的奇恰酒是一种很受欢迎的加了肉桂粉的米酒冷饮，它是拉丁美洲米布丁的液体版。

**你知道吗？** 墨西哥米饭有的时候被叫作西班牙米饭，但在墨西哥，就叫米饭或者红米饭。

大米是很多墨西哥菜的主要配料。传统的墨西哥米饭做法是先煮后炸，然后将炸至金黄的米饭放入鸡汤和番茄调味料中煨。大米也会添加到其他墨西哥菜中，例如墨西哥卷饼。卷饼是一张玉米饼，里面有奶酪、豆子、蔬菜和莎莎酱作为馅料。在南墨西哥，普通的白米饭比较常见。

在很多拉丁美洲国家，长粒米和豆子的传统组合比较常见。有的时候豆子和米饭是分开吃的，有的时候又混在一起吃。黑白配是一道古巴人最喜欢的传统菜，它是将米饭、黑豆以及蔬菜、草药和大蒜混合在一起制作出来的。

## 完美的一对！

大米和豆类是均衡饮食的完美搭配。大米中含有的碳水化合物使之成为一种很好的能量来源，豆类则补充了大米所缺乏的蛋白质和膳食纤维。



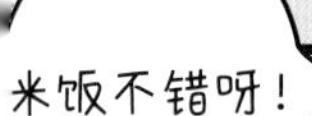


## 巴西不只有咖啡哦！

巴西是仅次于亚洲大陆，世界上排名第五的大米生产国和消费国，每年生产超过1 500万吨大米。

大米传入

# 美国

大约在1685年，美洲殖民者首先在南卡罗来纳种植水稻，很快水稻种植便在南北卡罗来纳和乔治亚州蓬勃发展。美国内战（1861－1865年）之后，水稻种植往西部转移。1900年左右，路易斯安那州的农民大概种植了美国70%的水稻。

## 金卡莱罗纳水稻

金卡莱罗纳水稻被称为“美洲长粒米之祖”。在美国内战之前的殖民地时期，金卡莱罗纳在南北卡莱罗纳州和乔治亚州的经济发展中发挥了重要作用。因在早秋时节水稻植株成熟时所呈现的漂亮金黄色而得名。随后，其他品种的水稻变得更加重要，而金卡莱罗纳水稻品种几乎已经灭绝。

世界各地的米饭在美国都很受欢迎，但有一些米饭有着独特的美洲风味，比如**什锦饭**——一道传统的卡津菜。卡津人是指居住在南路易斯安那州和东德克萨斯州的一个族群，他们的祖先可以追溯到法国移民者阿卡迪亚人。

什锦饭是把米饭和一口大小的小香肠丁、鸡肉或虾、番茄还有调料混合在一起烹制而成的。

**你知道吗？**一些菰米品种只在美国的五大湖地区生长，也叫作印第安纳米，和大米没有任何关系。印第安人收割菰米的时候，会把稻秆弯曲在船的边缘，用木棍把稻粒打下来。今天，大部分菰米是用机器收割的。

## 全国水稻月

九月是美国的全国水稻月，它首次出现于1990年，是庆祝美国的水稻大丰收。用一大碗什锦饭来庆祝一下吧！

# 不只是谷物！

大米可不仅仅是一种佐餐吃的谷物，它还可以磨成粉、膨化甚至是变成液体状的。米浆是通过挤压米粒释放液体而得到的。大米还可以磨成粉，用来制作米粉和食用米纸。

米粉是泰国知名小吃泰式炒河粉的主要原料。河粉和鸡蛋、豆腐、辣椒、大蒜、花生碎一起翻炒，也可加入蔬菜、虾肉和鸡肉，增加其中的蛋白质含量。

食用米纸是用来制作春卷（有馅料的，做成卷状的小吃）的。在一些亚洲国家，会将蔬菜、肉和鱼用米纸包起来搭配蘸料吃。越南春卷的外皮用的就是被叫作米纸的一种饼。

## 喝米浆

米浆一般是用糙米制作的，且不加糖。通常供不能消化乳制品或者牛奶过敏的人群饮用。它也被不吃动物相关食品的人当作牛奶的替代品。

**你知道吗？**大米花是用蒸汽在高压下加热稻仁制成的。高温使得米粒外壳中的淀粉和湿气发生反应，将稻仁膨化，就像爆米花一样。大米花在印度是一种很受欢迎的小吃，也被用来做年糕。年糕是一种扁平的硬食品，可作为健康零食食用。普通年糕吃的时候可以在上面抹上花生酱、苹果酱或者巧克力酱。

## 试试这个！

### 原味米脆饼（香脆可口的棉花糖脆饼）

分量：12人份

**配料**

3汤匙黄油
4杯小棉花糖
6杯凯洛格脆米片

**步骤**

1. 在一个大平底锅中，加入黄油，低温熔化。加入棉花糖并搅拌至完全熔化，离火。
2. 加入凯洛格脆米片，搅拌直至全部裹上糖浆。
3. 用黄油抹刀或蜡纸将裹上糖浆的米片均匀地压入喷过油的33 × 23 × 5厘米的平底锅中。晾凉，切成5厘米的方块。最好在制作当天吃完。如果吃不完，在室温密闭容器中最多存放两天。

**你知道吗？**米脆片是用脆米做成的。脆米是将大米和糖糊制成米的形状，然后煮熟，干燥后再烤制而成。米粒膨胀，内部变成中空的，所以吃起来脆脆的。

# 趣味问答

**刚刚跟随大米完成环球旅行之后，你还记得多少知识内容呢？来回答下面这些有趣的问题吧，答案是前面出现过的国家或地区的名称。**

1. 哪里的人们食用意大利烩饭？
2. 在哪里人们食用一种叫作竹筒饭的年糕？
3. 哪里生长着与水稻无关的野生水稻？
4. 将长粒米与豆类混合在一起食用是哪里的传统？
5. 在哪里有的时候人们直接用手吃米饭？
6. 哪里的人们坚信古时候坚果鸡肉饭上曾放有真正的红宝石和绿宝石？
7. 在哪里人们用勺子而不是筷子吃米饭？
8. 哪里种植邦巴米？
9. 水稻最初是在哪里种植的？
10. 哪里的人们食用巧克力稀饭？
11. 哪里有代表国旗颜色的彩色米饭？
12. 在哪里米粒被称为“小小佛陀”？

**答案：**

1. 意大利
2. 印度尼西亚
3. 美国
4. 拉丁美洲
5. 非洲
6. 中东
7. 韩国
8. 西班牙
9. 中国
10. 菲律宾
11. 印度
12. 日本

# 词汇表

**阿波罗米**：一种意大利短粒米，两头圆圆的，常被用来做烩饭。

**菜系**：一种烹饪方式或方法。

**麸质**：面粉中的一种黏性物质。

**谷物**：凡是能长出可供人们食用的颗粒的草本植物均是谷物。麦子、水稻、玉米、燕麦和大麦等都是谷物。

**饭团**：一种做成三角形、球形或者圆柱形的稍加调味的糯米饭，一般含有馅料。

**菰米**：禾本科菰属植物的种子，煮熟后可以食用。

**烩饭**：用橄榄油炒米饭，然后加入鸡汤煨，与鸡肉、碎奶酪搭配番茄酱一起食用。

**茉莉香米**：一种长粒香米。

**糯米**：一种不透明的米，煮熟之后甜甜的、黏黏的。

**肉饭**：用大米或者碾碎的麦子与羊肉、鸡肉等肉类一起煮制而成，用调料和葡萄干等进行调味。

**寿司**：一种日本美食，用调味米饭加上鱼等其他佐料制成。

**什锦饭**：一种用米饭和香肠丁、鸡肉、虾肉、番茄还有调料烹制而成的饭菜。

**西班牙海鲜饭**：一种辣味菜，用调过味的米饭与油、藏红花、龙虾或是虾肉、鸡肉块、猪肉块或牛肉块，还有新鲜蔬菜烹制而成。

**印度香米**：一种有香味的长粒米，最开始是在喜马拉雅山麓的印度和巴基斯坦种植。

**印度炒米饭**：一种用米饭、肉、蔬菜、葡萄干和坚果混合制成的饭菜。

## 温馨提示

**在厨房处理食物时，请牢记这些提示，以确保你的工作顺利、安全地进行。接下来享用你制作的美味佳肴吧！**

- 在开始准备食物之前、在接触过生鸡蛋或肉之后，都需要清洗双手。
- 彻底清洗水果和蔬菜。
- 处理火锅、平底锅或托盘时，请戴上烤箱手套。
- 使用刀具、燃气灶或烤箱时，请成年人来帮忙。

Taste the World!Rice © 2021 World Book, Inc.
All rights reserved.
This book may not be reproduced in whole or part in any form without prior written permission from the Publisher.

本书中文简体版专有出版权由WORLD BOOK, INC.授予电子工业出版社，未经许可，不得以任何方式复制或抄袭本书的任何部分。

**版权贸易合同登记号　图字：01-2022-6725**

**图书在版编目（CIP）数据**

一脚踏进美食世界. 大米 / 美国世界图书出版公司著；柳玉译. -- 北京：电子工业出版社, 2023.6
ISBN 978-7-121-45274-1

Ⅰ. ①一… Ⅱ. ①美… ②柳… Ⅲ. ①大米－少儿读物 Ⅳ. ①TS2-49

中国国家版本馆CIP数据核字(2023)第071436号

责任编辑：温　婷
印　　刷：天津图文方嘉印刷有限公司
装　　订：天津图文方嘉印刷有限公司
出版发行：电子工业出版社
　　　　　北京市海淀区万寿路173信箱　邮编：100036
开　　本：889×1194　1/16　印张：24　字数：202千字
版　　次：2023年6月第1版
印　　次：2023年6月第1次印刷
定　　价：208.00元（全8册）

凡所购买电子工业出版社图书有缺损问题，请向购买书店调换。若书店售缺，请与本社发行部联系，联系及邮购电话：（010）88254888或88258888。
质量投诉请发邮件至zlts@phei.com.cn，盗版侵权举报请发邮件至dbqq@phei.com.cn。
本书咨询联系方式：（010）88254161转1865，dongzy@phei.com.cn。